LA CHASSE AUX ÉLÉPHANTS.

Pinot et Sagaire, éditeurs, Épinal.

CHASSE AUX ÉLÉPHANTS.

ÉPINAL, IMP. ET LITH. DE PINOT ET SAGAIRE.

PROJET DE CHASSE.

I.

Que nos jeunes lecteurs veulent bien nous suivre dans l'île d'Agoa, en Afrique, afin d'y assister à un projet de chasse formé par M. Mirebelle, respectable européen qui, dès son arrivée dans l'île, a été reconnu comme chef par les Makidas, naturels du pays.

Entouré d'une centaine de ses plus hardis chasseurs, le chef blanc s'entend avec eux sur les précautions à prendre pour assurer le succès de l'excursion du lendemain.

Les Makidas savent que toujours leurs fatigues et leurs efforts sont généreusement récompensés, aussi promettent-ils de continuer à déployer dans cette chasse importante le plus grand courage possible.

Déjà on avait fixé l'heure du rendez-vous, et précisé les différents lieux où devait se diriger l'attaque, quand le petit Daniel, fils de M. Mirebelle, s'écria en montant sur les genoux d'un vieux nègre qui se montrait toujours sensible à ses caresses :

« Ah! pour cette fois je serai de l'expédition, moi! il y a longtemps qu'on me le promet, et je suis bien assez grand pour commencer.

— « Tu ne peux t'exposer à nous accompagner, mon fils, » répondit le chef blanc, « car nous devons nous diriger vers la montagne la plus dangereuse.

— « Je me charge de bon jeune maître à moi, » dit chaleureusement le vieux nègre, sur les genoux duquel Daniel était monté; « aucun mal n'arrivera à lui, je le promets à bon chef blanc.

— « N'aurai-je pas d'ailleurs pour monture Ammon, mon prudent éléphant, cher père? » observa l'enfant, « il m'avertira de l'approche

LA CHASSE AUX ÉLÉPHANTS.

AVANT LE DÉPART.

des éléphants; et alors nous retournerons en arrière comme il en a l'habitude quand il entrevoit quelque péril.

— « Allons, allons, j'en parlerai à ta grand'mère, » reprit M. Mirebelle; « si elle n'y voit aucun obstacle, je consentirai peut-être à t'emmener.

— « Quel bonheur! » s'écria gaiement Daniel, et il courut aussitôt à l'appartement de Mme Mirebelle afin de lui faire approuver son projet.

AVANT LE DÉPART.

II.

Les étoiles commençaient à pâlir sous les premières lueurs du jour, lorsque de joyeuses fanfares se firent entendre dans les jardins du chef blanc, afin d'avertir les chasseurs de se réunir, comme d'habitude, sur les bords du grand lac.

Déjà M. Mirebelle s'occupait activement à visiter les armes et à distribuer les munitions à la petite troupe de serviteurs qui devaient l'accompagner, tandis que la bonne grand'mère, tenant son petit Daniel dans ses bras, essayait vainement de le détourner de prendre part à cette excursion périlleuse.

« Vous m'aimez trop, bonne grand'maman, » répondait gaiement l'enfant; « c'est pourquoi vous voyez partout des dangers pour moi; mais soyez tranquille, je vous reviendrai ce soir plus fort, plus joyeux que jamais. »

Mme Mirebelle se disposait à renouveler ses instances; mais le vieux

LA CHASSE AUX ELÉPHANTS.

LE DÉPART.

nègre, apparaissant tout à coup dans la cour avec Ammon, ce dernier s'avança gravement vers Daniel, allongea sa grande trompe, et, plus prompt que l'éclair, il en entoura l'enfant pour le jeter sur ses épaules.

« De la prudence, cher fils, je t'en prie! » recommanda la vieille dame qui commençait à comprendre que dès lors tous ses discours ne parviendraient point à ébranler la résolution du jeune homme.

Enfin, le pont ayant été baissé sur la rivière qui environnait la propriété du chef blanc, la caravane sortit de l'île aux sons des trompes et des clairons, et Mme Mirebelle, après avoir fait à son petit-fils ses dernières recommandations, rentra assez tristement à la maison.

du côté de l'orient, tandis qu'à l'opposé fuyaient de légers nuages, comme s'ils eussent craint de ternir l'éclat des premières lueurs du jour.

C'était l'aube encore, cependant il fallait se presser; car le ciel africain passe promptement de l'aube à l'aurore; aussi les éclaireurs impatients ne tardèrent-ils pas à stimuler la marche de la petite troupe, en prenant eux-mêmes l'allure du galop au travers des forêts silencieuses.

LES SINGES.

IV.

Pareil à un immense tapis de velours émaillé de fleurs aux vives nuances, l'épais gazon amortissait les bruits causés par le piétinement

LA CHASSE AUX ÉLEPHANTS.

LES SINGES.

des chevaux, ce qui n'était pas de moindre importance pour les hardis chasseurs ; car les échos auraient pu aller prévenir les éléphants de leur approche, et ces derniers se seraient reculés prudemment dans les profondeurs de leurs repaires ; dès lors la chasse eût été impossible.

Le silence le plus absolu devait donc également être gardé par les chasseurs, ce qui ne semblait pas plaire beaucoup au petit Daniel, à en juger par la mine désappointée qu'il faisait quand ses deux compagnons arrêtaient sur ses lèvres les exclamations joyeuses qui, à chaque instant, étaient prêtes à s'en échapper.

Tout à coup, il ne fut plus possible à l'enfant de respecter la sévère consigne.

On venait de pénétrer dans une forêt d'aloës et de lauriers géants, lorsque, au milieu des massifs agités, se firent entendre des sifflements et des cris de détresse qui paraissaient sortir de poitrines humaines, et, au même instant, une nuée de singes de toute grandeur se mirent à grimper de rameaux en rameaux jusqu'à la cime des arbres.

On s'imaginera facilement la surprise que causa à notre petit Daniel la vue de ce spectacle tout nouveau pour lui. Quoique d'un caractère assez vaillant, il se mit à crier en étendant les bras vers ces ombres noires, dont les têtes grimaçantes se montraient çà et là à travers le feuillage.

« Pas faire de mal à vous, cher petit maître, » lui dit le vieux nègre, qui toujours marchait à ses côtés ainsi que son fils. « Silence! silence! silence! les éléphants entendraient vous et ils ne viendraient pas au lac des Eperviers. »

Déjà, dans le naïf esprit de l'enfant, l'effroi avait fait place à la curiosité. Il se tut et pénétra bravement à la suite de la caravane, dans le sombre domaine des singes qui continuaient à s'agiter au milieu des branches de la manière la plus comique.

LA MONTAGNE DES ABIMES.

V.

Cette forêt conduisait à la fontaine des Abîmes. Encore une demi-heure de marche, et l'on allait apercevoir le lac qui servait d'abreuvoir aux éléphants.

Déjà le lion privé dressait sa tête menaçante, comme si, en flairant l'air, il eût deviné que l'on se trouvait dans le voisinage des formidables colosses. Ammon, lui aussi, commençait à paraître assez inquiet.

Il allongeait sa trompe, s'arrêtait pour écouter, et ne consentait à reprendre sa marche que quand la petite main de Daniel était venue lui caresser le cou.

Lorsqu'on fut arrivé à la base du mont des Abîmes, les éclaireurs se mirent à ramper dans les hautes herbes, afin de gagner un rocher d'où ils pouvaient voir le lac des Eperviers sans risquer d'être aperçus par les éléphants.

« Avançons, maître, avançons ! » dirent-ils en redescendant vers M. Mirebelle qui, pendant ce temps-là, était allé s'informer de son fils et lui faire de prudentes recommandations ainsi qu'à ses deux défenseurs.

Alors tous les chasseurs inspectèrent leurs armes, et l'on se remit en route. Mais à peine eurent-ils pénétré dans les massifs qui garnissaient

LA CHASSE AUX ÉLÉPHANTS.

LA MONTAGNE DES ABIMES.

la base de la montagne, qu'Ammon s'arrêta résolument, sans se laisser fléchir cette fois par les caresses de son jeune maître, et retourna, de son pas le plus rapide, vers les rochers qui, un instant auparavant, avaient servi de poste d'observation aux éclaireurs.

Le vieux nègre et son fils comprirent bien que l'éléphant devait avoir quelque motif sérieux pour avoir pris cette prompte détermination; aussi se bornèrent-ils à le suivre et n'essayèrent-ils pas de le ramener vers les chasseurs.

Sans paraître s'inquiéter le moins du monde de ce que l'on pouvait penser de sa fuite, Ammon gravit le coteau qui conduisait aux rochers, et ne s'arrêta que quand il crut son jeune maître en lieu de sûreté. Les rochers formaient en plusieurs endroits des grottes profondes, et il en choisit une devant laquelle croissaient de jeunes ébéniers au feuillage touffu, et, allongeant sa trompe, il en entoura l'enfant qu'il déposa doucement sur le gazon.

« Je vous laisse fils à moi pour vous garder, bon petit maître, » dit alors le vieux nègre, puis il redescendit le coteau pour aller rassurer le chef blanc au sujet de la disparition de son enfant.

LE COMBAT.

VI.

Resté seul avec le jeune nègre, Daniel proposa à ce dernier de se rendre sur le plateau des rochers, afin de pouvoir au moins assister de loin au combat contre les éléphants, puisque Ammon ne l'avait pas cru capable encore de prendre part à l'expédition.

En ce moment une décharge formidable se fit entendre.

« L'ennemi est bloqué, » s'écria le jeune nègre en soulevant Daniel dans ses bras, afin de se trouver plus vite au-dessus des rochers.

Le lac était en effet environné par les chasseurs.

Déjà plusieurs éléphants se trouvaient étendus sur le sable, tandis que les autres faisaient des efforts inouïs pour se soustraire à la lutte terrible des agresseurs.

Etourdis par le son des clairons et par les rugissements du lion privé, ils semblaient avoir abandonné tout projet de défense, et n'espérer plus que la fuite à travers les eaux du lac. Mais, après les avoir sondées avec leurs trompes, ils s'aperçurent sans doute que cette route aquatique était infranchissable pour eux; car ils revinrent sur les bords et s'y réunirent comme une masse informe de rochers grisâtres que l'on aurait entassés pour servir de rempart dans un champ de bataille.

Aussitôt une nouvelle décharge fut dirigée sur ce point. Un grand nombre de ces rochers vivants s'affaissèrent en remplissant les airs de leurs gémissements.

SUCCÈS DE LA CHASSE.

VII.

Mais voilà qu'au moment où les chasseurs s'apprêtent à tirer de

LA CHASSE AUX ÉLÉPHANTS.

Lith. Pinot & Sagaire Editeurs à Epinal. LE COMBAT. Déposé

nouveau, des bruits pareils à ceux de l'avalanche se font entendre dans les profondeurs de la montagne des Abîmes. Les éléphants, restés debout sur les bords du lac, relèvent leurs puissantes défenses, et s'agitent comme si le courage leur revenait tout à coup, tandis que les chasseurs effrayés s'empressaient de prendre la fuite dans la direction des rochers, du haut desquels Daniel et le jeune nègre observaient cette scène avec stupeur.

« Une troupe d'éléphants vient au secours des assiégés ! » s'écria le jeune nègre en désignant à Daniel la montagne où les bruits continuaient à se faire entendre. « Regardez ! regardez ! les voilà ! ils allongent leurs trompes de ce côté pour menacer les chasseurs ; mais nous allons leur ôter l'envie de venir nous attaquer dans notre forteresse. »

Au même instant, les sons des clairons s'élèvent à la base des rochers, mêlés à une violente décharge de carabines et aux rugissements furieux du lion privé.

« Les éléphants ont horreur de cette musique-là, » dit le jeune sauvage. « Voyez, ils se réunissent; mais ne croyez pas que ce soit dans l'intention de se diriger vers nous ; déjà leur projet est arrêté, et bientôt nous pourrons les voir remonter en masse le mont des Abîmes. »

En effet, dès que les assiégés eurent tous rejoint leurs défenseurs, la troupe entière se précipita en rangs serrés vers la montagne, où elle disparut aussitôt dans l'épaisseur des arbres.

« Descendons, dit alors Daniel, qui commençait à être complétement rassuré ; mon père et le vôtre nous cherchent sans doute, et ce pauvre Ammon, que nous avons laissé seul, doit s'inquiéter de ne point nous voir revenir. »

LA CHASSE AUX ÉLÉPHANTS.

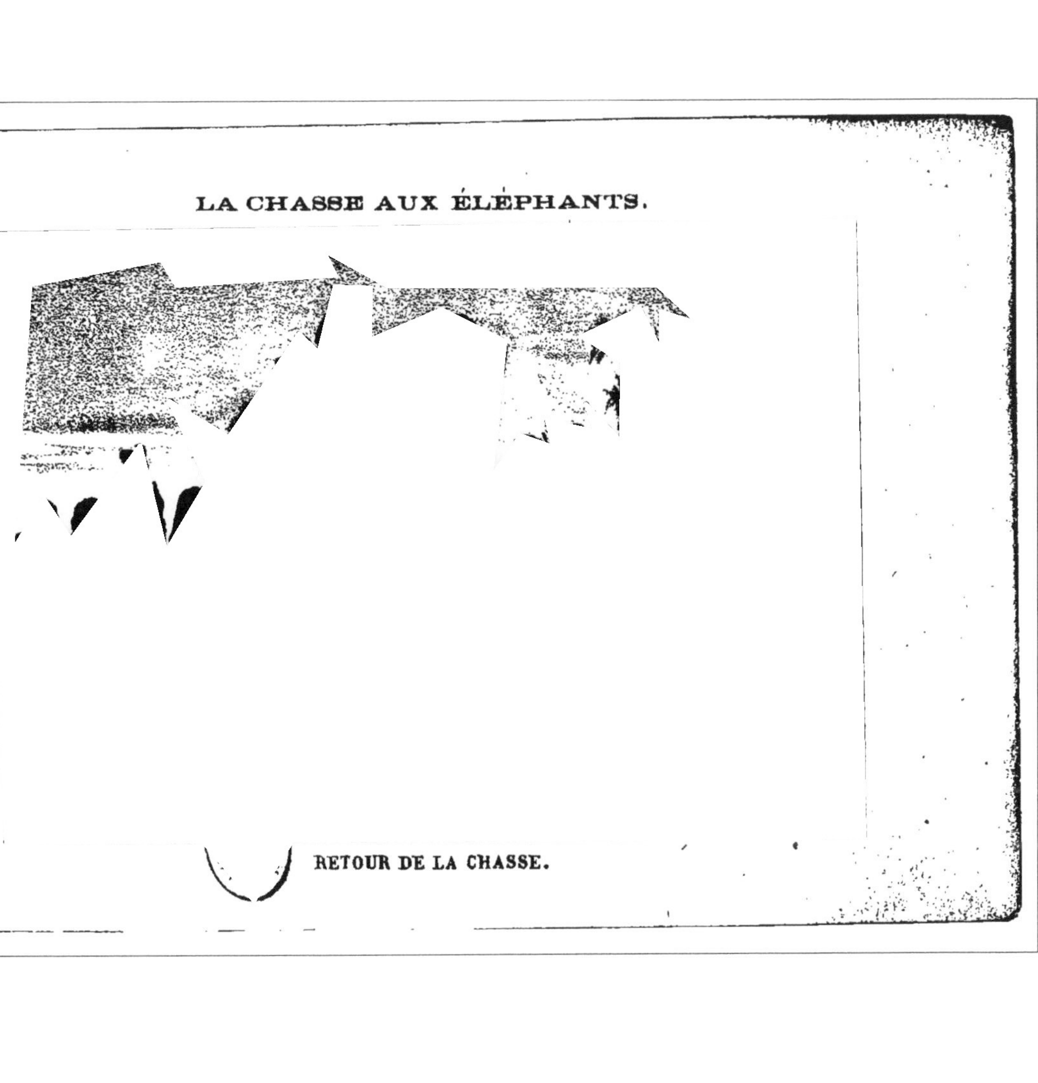

RETOUR DE LA CHASSE.

LE RETOUR.

VIII.

Quelques heures après, les chasseurs se remettaient en route, chargés de l'ivoire dont ils étaient allés dépouiller leurs victimes aussitôt le départ des éléphants.

Quoique l'expédition n'eut pas été aussi heureuse qu'on l'avait espéré d'abord, tous semblaient assez satisfaits de ses résultats; car des chants et des fanfares joyeuses se faisaient entendre en tête de la caravane, ce qui n'arrivait jamais au retour d'une mauvaise chasse.

Placé entre son père et le vieux nègre, Daniel leur racontait toutes les émotions que lui avait fait éprouver la terrible lutte contre les éléphants, et des larmes glissaient encore de ses paupières, lorsqu'il se rappelait les gémissements de ces colosses blessés qu'il avait vus se débattre sur les sables du lac.

« Pourquoi as-tu persisté à vouloir nous accompagner dans cette expédition, mon enfant? » lui dit M. Mirebelle : « à ton âge, tu ne peux encore comprendre de quelle importance est pour l'homme de se défaire d'ennemis aussi dangereux ; alors ces combats ne peuvent manquer de te paraître barbares.

— « Ces choses ont donc un autre but que celui de la récolte de l'ivoire des éléphants ? » observa Daniel.

— « Demande au premier venu des Makidas quelle était leur existence avant qu'ils fussent parvenus à détruire la plus forte partie de leurs redoutables voisins, et à faire reculer les autres jusqu'aux montagnes désertes, » reprit M. Mirebelle. « Tu comprendras alors que nos combats n'ont point pour principal objet la dépouille de nos victimes, mais bien la nécessité de nous sauvegarder contre de véritables ennemis.

— « Comment se fait-il donc, cher père, que mon pauvre Ammon soit si bon, si affectueux pour moi? » observa l'enfant en caressant le cou de son fidèle éléphant.

— « Comment se fait-il que le lion, le plus puissant, le plus terrible des animaux sauvages, arrive, après un certain temps d'intimité avec l'homme, à se soumettre docilement à sa volonté, et même à avoir pour lui une amitié dévouée? » répondit M. Mirebelle : « ce sont là de grands mystères, mon fils, et nous ne pouvons nous les expliquer qu'en nous rappelant que Dieu, en créant le monde, nous avait d'abord destinés à commander à tous les êtres de la nature. »

Après cette réponse de son père, le petit Daniel garda le silence, comme s'il eût été absorbé par les réflexions qu'elles venaient d'éveiller en son jeune esprit.

Lorsqu'on fut arrivé près du grand lac, les Makidas saluèrent le chef blanc par leurs cris habituels, et l'on se sépara.

Alors les fanfares recommencèrent, afin que Mme Mirebelle fut prévenue du retour des chasseurs, et qu'elle fit baisser le pont; mais déjà la vieille dame les avait aperçus du belvédère qui dominait le châlet, et elle accourait pour s'informer si aucun accident n'était survenu.

« Que Dieu soit béni, les voilà tous deux en bonne santé! » s'écria-t-elle en tendant l'une de ses mains à son fils et l'autre au petit Daniel.

« Je n'irai plus à la chasse, bonne maman, soyez-en sûre! » s'empressa de répondre ce dernier, et, faisant arrêter Ammon, il se trouva ausssitôt dans les bras de la vieille dame.

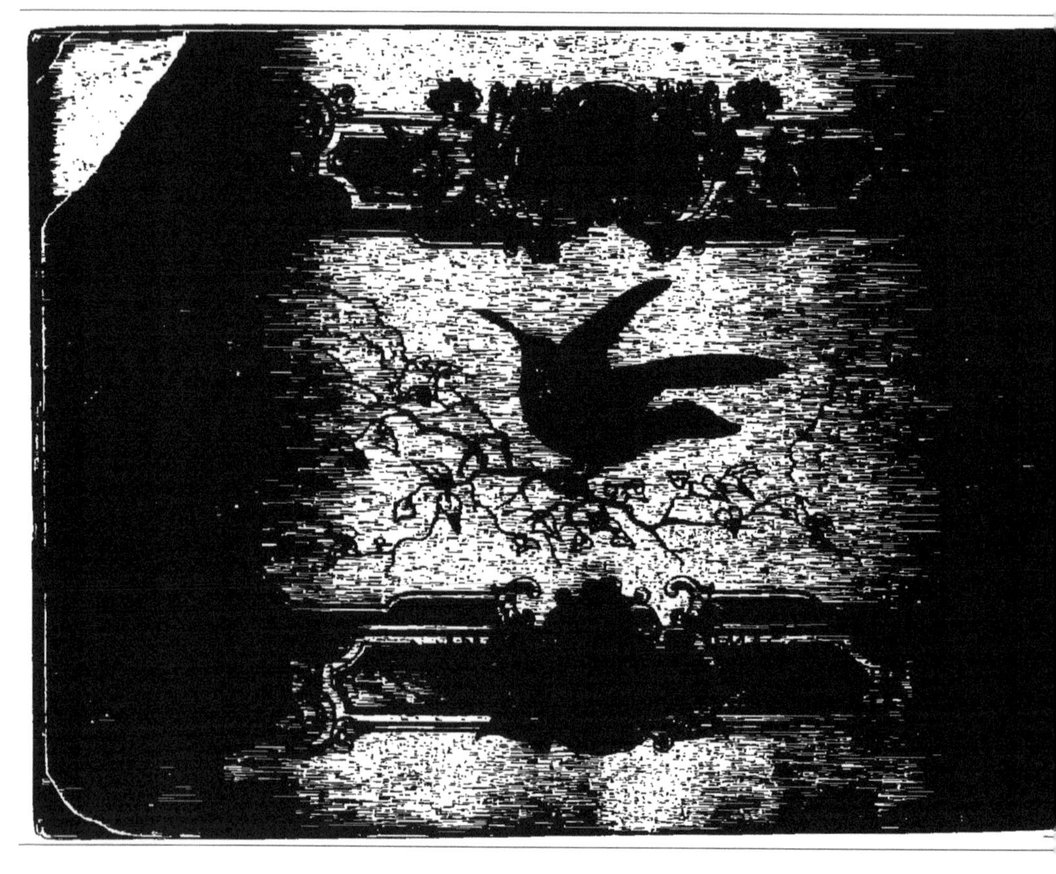

www.ingramcontent.com/pod-product-compliance
Ingram Content Group UK Ltd.
Pitfield, Milton Keynes, MK11 3LW, UK
UKHW021212230726
13926UKWH00001B/480

9 782014 438284